Text und Illustration: Björn Bergenholtz
Umschlaggestaltung: Atelier Reichert, Stuttgart, unter Verwendung von Illustrationen von Björn Bergenholtz

Bibliografische Information der Deutschen Bibliothek:
Die Deutsche Bibliothek verzeichnet diese Publikation in der deutschen Nationalbibliografie; detaillierte bibliografische Daten sind im Internet über http://dnb.ddb.de abrufbar.

Dieses Buch folgt den Regeln der neuen Rechtschreibung

Titel der schwedischen Originalausgabe: Vem har varit här?

ISBN 3-440-09696-3
Übersetzung: Dagmar Lendt
Redaktion: Cordula Gerndt
Produktion: Ralf Paucke
Printed in Germany / Imprimé en Allemagne

Welches Tier lief denn hier?

Eine spannende Spurensuche

von
Björn Bergenholtz

Aus dem Schwedischen
von Dagmar Lendt

KOSMOS

Es hat aufgehört zu schneien. Draußen ist alles weiß. Der Schnee hat sich wie ein weicher Teppich auf die Erde gelegt. Jetzt kannst du auf Spurensuche gehen!

Am besten sind Tierspuren im frisch gefallenen Schnee zu sehen. Die Abdrücke von Pfoten und Krallen sind besonders deutlich, wenn die Schneedecke ein paar Zentimeter hoch und ein bisschen feucht ist. Im tiefen Schnee werden die Spuren zu undeutlichen Löchern und du findest nur schwer heraus, welches Tier dort gewesen ist.

Aber auch ohne Schnee kannst du Spuren lesen. Abdrücke findest du zum Beispiel in der feuchten Erde oder im Sand.

Früher sind die Menschen regelmäßig auf die Jagd gegangen. Dafür war es notwendig, die Spuren der verschiedenen Tiere gut zu kennen. Ein Jäger weiß genau: Bei manchen Spuren lohnt es sich, ihnen zu folgen, bei anderen nicht.

Spuren lesen macht großen Spaß! Kommst du mit auf Entdeckungsreise?

Katze

Schau mal, vor dem Haus ist eine Katze entlanggeschlichen. Katzenspuren sind leicht zu erkennen. Die Abdrücke sind beinahe rund und man sieht keine Löcher von Krallen. Das liegt daran, dass Katzen die Krallen einziehen, wenn sie sie nicht brauchen. Dieses Kunststück kann außer ihnen kein anderes Tier.

Katzenspuren findet man oft in der Nähe von Häusern, denn Katzen sind Haustiere und liegen am allerliebsten zusammengerollt auf dem Sofa. Eine Katze kann am Tag bis zu sechzehn Stunden schlafen! Das ist genauso lange, wie ein erwachsener Mensch wach ist.

Wenn Katzen nach draußen gehen, sehen sie nach, ob alles in Ordnung ist, schnappen frische Luft und gehen auf die Jagd. Dann müssen Mäuse und kleine Vögel auf der Hut sein.

Wenn du tief im Wald Katzenspuren findest, dann ist vielleicht eine Hauskatze entlaufen und hat gelernt, in der freien Natur zu überleben. Ohne Dosenfutter und Katzenklo.

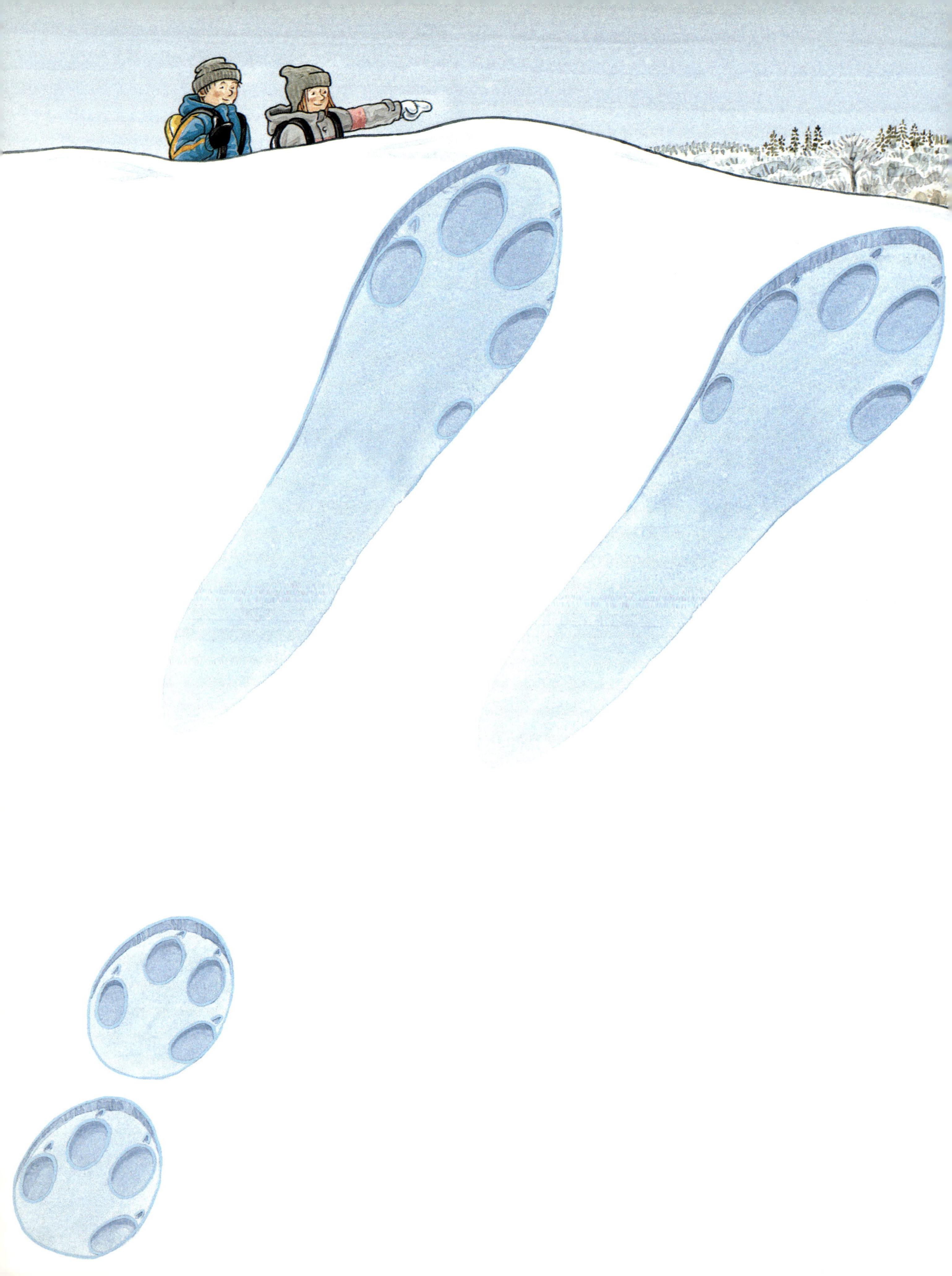

Hase

Da hat es ein Hase eilig gehabt! Das erkennst du daran, dass er beim Hüpfen die langen Hinterbeine vor den kleineren Vorderpfoten aufgesetzt hat. Vielleicht wurde er von einem Fuchs gejagt? Oder er hat Menschen durch den Schnee stapfen gehört?

Der Hase hat ein unglaublich gutes Gehör. Seine scharfen Ohren helfen ihm, Feinde rechtzeitig zu entdecken. Dafür kann er nicht so gut sehen. Falls du mucksmäuschenstill stehen bleibst, kommt er vielleicht ganz dicht zur dir herangehüpft.

Wenn du einer Hasenspur folgst, wirst du bald ein paar Hasenköttel finden. Kot ist auch eine Spur, die dir verraten kann, welches Tier hier vorbeigekommen ist.

Manchmal kannst du im Schnee eine Spur entdecken, die fast genauso aussieht wie eine Hasenspur, aber nur halb so groß ist. Dann kannst du sicher sein, dass sie von einem Kaninchen stammt. Das Kaninchen ist der kleine Cousin des Hasen.

Hasenköttel

Vorderpfote eines Kaninchens

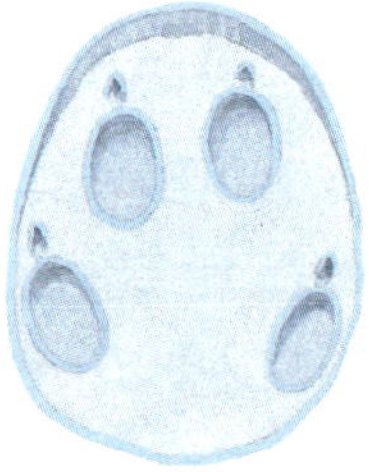

Kaninchenköttel

Stockente
Meise
Höckerschwan
Amsel
Krähe

Vögel

Der See ist zugefroren. Aber es gibt noch eine Stelle mit offenem Wasser. Dort haben Menschen Futter für die Vögel ausgestreut. Zwischen den Brotkrumen kann man viele verschiedene Vogelspuren erkennen. Bei manchen kannst du Schwimmhäute sehen, bei anderen nur die nackten Zehen. Einige Abdrücke sind groß, andere klein.

Die meisten Vögel haben O-Beine, denn sie drehen die Füße beim Gehen etwas nach innen. Am deutlichsten kann man das an den Spuren von Stockenten und Schwänen sehen. Schwanenspuren sind riesengroß. Siehst du die Schwimmhäute zwischen den Zehen? Entenspuren sind den Schwanenspuren sehr ähnlich, nur kleiner.

Die Spur einer Krähe kann man ganz leicht an den vielen kleinen Knötchen darin erkennen. Kleinvögel, wie zum Beispiel Amseln und Meisen, gehen nicht – sie hüpfen. Deshalb sind immer beide Fußabdrücke nebeneinander. Am Futterplatz kannst du die Vögel gut beobachten!

Bernhardiner
Chihuahua

Hund

Vielleicht hat ein Hund die Vögel unten am See verscheucht? Die Abdrücke von Hundepfoten sind ziemlich rund und man kann deutlich die Krallen sehen.

Um eine Hundespur zu erkennen, gibt es eine einfache Methode: Halte Ausschau nach einer Menschenspur in der Nähe. Meistens sind Hund und Mensch gemeinsam unterwegs.

Es gibt viele verschiedene Hunderassen: kleine, zierliche Zwergpinscher, mittelgroße, rundliche Möpse und große, bärenstarke Bernhardiner. Jede Hunderasse hat ihre eigene Spur.

Die kleinsten Hunde sind die Chihuahuas. Ein Chihuahua-Welpe ist so winzig, dass er bequem im Fußabdruck eines Bernhardiners Platz hat!

Falls du weit draußen im Wald einmal eine undeutliche Hundespur entdeckst, muss sie nicht unbedingt von einem Jagdhund stammen. Es könnte auch der Pfotenabdruck eines Marders sein, der dem eines Hundes ziemlich ähnlich ist.

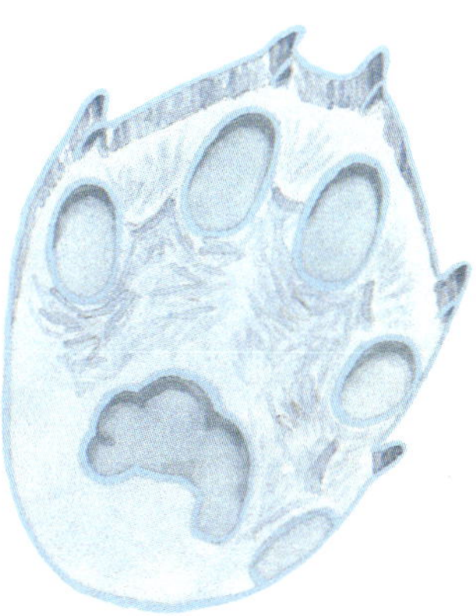

Marder

Fuchs

Siehst du den Fuchs durch den Schnee schleichen? Er geht ganz, ganz langsam, macht ein paar Schritte, bleibt stehen und lauscht. Vielleicht hört er das Geräusch von Mäusepfötchen, die unter dem Schnee entlanghuschen? Dann macht er einen riesigen Luftsprung, und wenn er landet, brechen seine Pfoten durch die Schneedecke. Auf diese Weise erwischt er meistens seine Beute. Füchse fressen beinahe alle kleineren Tiere, die ihnen vor die Schnauze kommen. Feldmäuse und Wühlmäuse mögen sie am liebsten.

Es passiert nicht oft, dass man einen Fuchs sieht, doch es gibt sie überall. Sogar mitten in der Stadt. Dort durchwühlen sie die Mülltonnen nach etwas Fressbarem.

Fuchsspuren kann man ziemlich leicht erkennen. Sie sehen aus wie kleine Hundespuren, nur ein bisschen länglicher. Bei einer Fuchsspur kann man eine gerade Linie unter den beiden vorderen Zehenballen ziehen. Bei einer Hundespur ist die Linie gebogen.

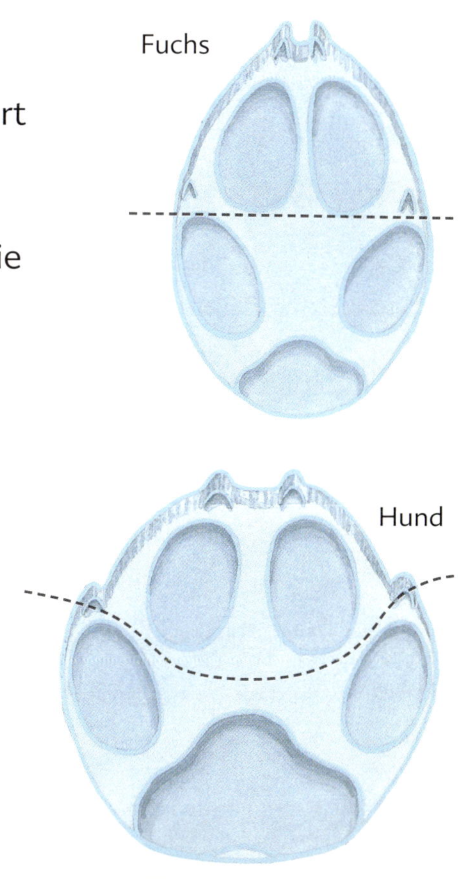

Reh

Die Fußabdrücke eines Rehes sehen aus wie zwei Tropfen, die nebeneinander liegen. Wenn der Schnee etwas tiefer ist, sieht man auch noch zwei kleine Punkte dahinter.

Der Winter ist für Rehe eine harte Zeit. Sie können sich nur schwer vorwärts bewegen. Ihre dünnen Beine sinken tief in den Schnee ein und Leckerbissen wie Blaubeerblätter, Heidekraut und Moos verschwinden unter der Schneedecke. Dann müssen die Rehe dürre Baumrinde und Knospen fressen.

Manchmal, wenn sie großen Hunger haben, kommen sie sogar in die Gärten der Menschen und fressen Blumenzwiebeln und andere leckere Sachen.

Rehe können ziemlich schlecht sehen, aber dafür hören und riechen sie sehr gut. Wenn ein Reh auch nur die kleinste Gefahr wittert, springt es schnell davon. Um die anderen Rehe in seinem Rudel zu warnen, bellt es. Das klingt fast wie ein Hund!

Rehkot

Elch

Hoch oben im Norden lebt ein Tier, das wir bei uns nicht kennen: der Elch. In Schweden oder Norwegen kann man im Winter Elchspuren entdecken. Eine Elchspur ist sehr groß, größer als deine Hand, und manchmal liegt ein ganzer Meter zwischen jedem Abdruck. Wenn man der Spur folgt, findet man als weiteres Erkennungszeichen meistens irgendwann Elchkot, der auf einem kleinen Haufen liegt.

Die männlichen Elche, die Bullen, tragen ein Geweih. Je größer, desto besser. Aber in jedem Winter verlieren sie dieses Geweih. Dann sind sie wehrlos. Erst im Frühjahr wächst ihnen ein neues.

Der Elch ist das größte Tier in den nördlichen Wäldern. Deshalb wird er dort auch „König des Waldes" genannt. Ein alter Elchbulle ist so groß, dass ein Kindergartenkind aufrecht unter seinem Bauch hindurchgehen könnte! Und er wiegt mehr als du, dein Papa, deine Mama, deine Geschwister und deine Großeltern zusammen.

Elchkot

Wolf

Wolfsspuren sind schwer von den Spuren eines Schäferhundes oder eines anderen großen Hundes zu unterscheiden. Bei einer deutlichen Fährte kann man erkennen, dass die Wolfszehen länger sind als die Hundezehen. Außerdem haben die Wölfe längere Krallen.

Wölfe sind bei uns sehr selten geworden. So selten, dass die Zeitungen darüber berichten, wenn irgendjemand einen Wolf gesehen hat. Von Osteuropa aus nähern sich seit einigen Jahren ab und zu einzelne Wölfe auch unseren Regionen. Vielleicht siedeln sie sich irgendwann in unseren Wäldern an, so dass es auch bei uns wieder Wolfsrudel geben wird.

Vor Wölfen braucht man sich nicht zu fürchten. Die Tiere haben mehr Angst vor dir als du vor ihnen. Wölfe können viel besser riechen als du. Sie riechen einen Menschen schon, wenn er noch mehr als einen Kilometer entfernt ist! Dann laufen sie weg, so schnell sie können.

Eichhörnchen

Ein Eichhörnchen ist ganz leicht. Es wiegt nicht mehr als dieses Buch. Deshalb sind seine Spuren im Schnee nicht sehr tief. Wenn ein Eichhörnchen sich auf der Erde fortbewegt, hüpft es. Man sieht deshalb immer alle vier Pfotenabdrücke dicht beisammen. Die Hinterpfoten sind deutlich größer als die Vorderpfoten. Ein anderes sicheres Erkennungszeichen für ein Eichhörnchen ist, dass die Spur immer an einem Baum endet.

Die Lieblingsspeise der Eichhörnchen sind Tannenzapfen, Nüsse und Eicheln. Manchmal fressen sie auch Sonnenblumenkerne und Erdnüsse aus einem Vogelhäuschen. Eichhörnchen fressen selten alles auf einmal auf. Einen Teil der gesammelten Leckerbissen verstecken sie in hohlen Bäumen oder an anderen geheimen Plätzen.

Ab und zu findet man auf der Erde viele kleine Tannenzweige. Das sind die Reste einer Eichhörnchenmahlzeit! Wenn Eichhörnchen Tannenknospen naschen, rupfen sie dabei die Zweigspitzen ab und lassen sie auf die Erde fallen.

Nuss, von einem Eichhörnchen geöffnet.

Tannenzweigspitzen

Fischotter

Unten am Bach sind merkwürdige Spuren im Schnee zu erkennen: Die Pfoten haben Schwimmhäute zwischen den Zehen und gleich daneben sieht man deutlich die Spur eines Schwanzes. Ein Fischotter ist hier gewesen. Fischotter haben ziemlich kurze Beine, und wenn der Schnee tief ist, kann man sogar die Schleifspur des Bauches sehen.

Fischotter spielen unheimlich gerne Rutschbahn! Sie legen sich auf den Bauch und schlittern das Bachufer hinunter, direkt ins Wasser hinein. Damit sie kein Wasser in die Ohren bekommen, verschließen sie die Gehörgänge mit einer dünnen Haut.

Im Wasser fängt der Fischotter kleine Fische. Manchmal gräbt der Fischotter auch Frösche aus, die tief im Schlamm ihren Winterschlaf halten.

Falls du ganz kleine Otterspuren siehst, stammen sie von einem Nerz oder Hermelin. Der Nerz ist braun, so wie der Fischotter, aber viel kleiner. Das Hermelin ist auch braun, aber im Winter wird sein Fell ganz weiß. Nur die Schwanzspitze bleibt dunkel!

Nerz

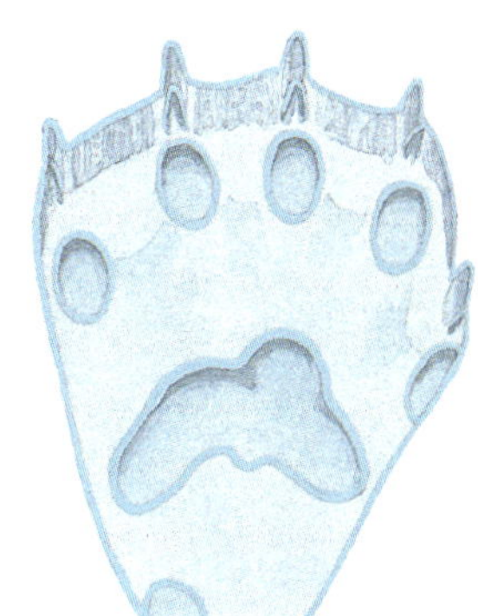

Hermelin

Luchs

Die Spur eines Luchses sieht aus wie eine riesige Katzenspur. Das ist auch kein Wunder, denn der Luchs ist eine Katze. Allerdings ist er viermal so groß wie eine normale Hauskatze.

Der Luchs lebt ganz tief im Wald. Er jagt nachts, und dann versucht er meistens, sich an Hasen oder Rehe heranzuschleichen. Aber manchmal macht er auch Jagd auf Mäuse oder Vögel. Wenn der Luchs zuschlägt, kann er bis zu acht Meter weit springen! Aber Luchse sind nicht sehr geduldig. Wenn sie ihre Beute nicht erwischt haben, geben sie schnell auf und versuchen es oft nicht noch einmal.

Tagsüber liegt der Luchs auf einem Felsen oder einem großen Stein und ruht sich aus. Wenn er satt ist, schnurrt er wie eine Katze. Nur etwas lauter.

Du wirst kaum jemals einem Luchs begegnen. Luchse sind ganz, ganz selten und außerdem sehr vorsichtig. Sobald sie einen Menschen hören, schleichen sie schnell davon. Aber wenn du Glück hast, kannst du in unseren Mittelgebirgen ihre Spuren sehen.

Feldmaus und Wühlmaus

Die Spuren von Feldmaus und Wühlmaus sehen aus, als hätte jemand ein Seil hinter sich hergezogen. Aber wenn man genauer hinsieht, erkennt man die Abdrücke von kleinen Pfoten und ab und zu von einem dünnen Schwanz.

So kannst du Feldmäuse und Wühlmäuse unterscheiden: Feldmäuse haben große Augen und Ohren und einen langen Schwanz. Bei Wühlmäusen dagegen sind die Ohren fast nicht zu sehen, die Augen sind viel kleiner und der Schwanz ist ganz kurz. Feldmäuse und Wühlmäuse fressen Samen und Gräser.

Im Winter leben alle Mäuse fast ständig unter der Schneedecke. Sie wohnen in Tunneln und Höhlen, die sie in die Erde gegraben haben. Manchmal wagen sie sich kurz nach oben. Dann müssen sie sich vor dem Wiesel in Acht nehmen, denn das ist immer auf der Jagd.

Übrigens: Die kleine Spitzmaus mit dem langen, spitzen Schnäuzchen ist gar keine Maus. Sie frisst Insekten und Spinnen und ist mit dem stacheligen Igel verwandt.

Wiesel

Bär

Eine riesige Spur im Schnee! Das muss ein Bär gewesen sein. Nur ein Bär hat so große Tatzen!

Bären gibt es bei uns zum Beispiel in den Alpen. Sie ruhen den ganzen Winter hindurch. Tief im Wald liegen sie zusammengerollt in ihren Höhlen auf einem Lager aus Moos und Blaubeerkraut.

Aber an milden Wintertagen wachen sie manchmal auf und kommen heraus, um nachzusehen, ob der Frühling schon begonnen hat. Sobald sie ihren Irrtum bemerken, kehren sie wieder in ihre Höhle zurück und schlafen weiter.

Bären sind Allesfresser: Sie fressen gerne Wurzeln, Schnecken, Früchte, Insekten und sogar junge Vögel.

Ihre am Anfang noch fast nackten Jungen bringen die Bären während der Winterruhe zur Welt. Die kleinen Bären werden von der Bärenmutter gesäugt und verlassen dann im Frühjahr, gemeinsam mit ihren Eltern, zum ersten Mal die schützende Höhle.

Mensch

Diese Abdrücke im Schnee erkennst du bestimmt sofort, oder? Es ist eine Menschenspur!

Menschenspuren können ganz unterschiedlich groß sein. Kleine Kinder mit Schuhgröße 23 machen kleine Spuren. Ein erwachsener Mann mit Schuhgröße 48 hinterlässt größere Abdrücke als ein Bär.

Aber eigentlich sind das gar keine richtigen Menschenspuren. Es sind Abdrücke von Schuhen oder Stiefeln. Spuren von nackten Menschenfüßen findet man am ehesten im Sommer an einem sandigen Badestrand.

Im Schnee kannst du noch andere menschliche Spuren entdecken. Auf der Straße sieht man die grob gemusterten Reifenspuren eines Autos. Auf einem Fahrradweg entdeckst du die verschlungenen Spuren eines Fahrrades und an einem Berghang vielleicht die langen Spuren eines Skiläufers.

Das Tolle an all den Spuren im Schnee ist, dass sie dir den Weg zeigen! Du brauchst nur in deinen eigenen Fußspuren zurückzugehen, um sicher nach Hause zu kommen.

Tierspuren in diesem Buch